BEI GRIN MACHT SICH IHR WISSEN BEZAHLT

Bibliografische Information der Deutschen Nationalbibliothek:

Die Deutsche Bibliothek verzeichnet diese Publikation in der Deutschen National-bibliografie; detaillierte bibliografische Daten sind im Internet über http://dnb.d-nb.de/ abrufbar.

Impressum:

Copyright © 2010 GRIN Verlag, Open Publishing GmbH
Druck und Bindung: Books on Demand GmbH, Norderstedt Germany
ISBN: 9783656881117

Dieses Buch bei GRIN:

http://www.grin.com/de/e-book/287869/umrechnen-der-laengenmasse-meter-und-zentimeter-3-klasse

Stefanie Maurer

Umrechnen der Längenmaße Meter und Zentimeter (3. Klasse)

GRIN Verlag

GRIN - Your knowledge has value

Der GRIN Verlag publiziert seit 1998 wissenschaftliche Arbeiten von Studenten, Hochschullehrern und anderen Akademikern als eBook und gedrucktes Buch. Die Verlagswebsite www.grin.com ist die ideale Plattform zur Veröffentlichung von Hausarbeiten, Abschlussarbeiten, wissenschaftlichen Aufsätzen, Dissertationen und Fachbüchern.

Inhaltsverzeichnis

1. Situationsanalyse 1

  1.1 Struktur der Schule 1

  1.2 Struktur der Klasse 2

      1.2.1 Zusammensetzung der Klasse 2

      1.2.2 Leistungs- und Arbeitsverhalten 2

      1.2.3 Arbeits- und Sozialformen 3

      1.2.4 Einzelne Schülerpersönlichkeiten 4

2. Sachanalyse 5

  2.1 Allgemeine Informationen zu Größen und Größenbereichen 5

  2.2 Größenbereich: Längen 6

3. Didaktische Analyse 7

  3.1 Didaktische Überlegungen 7

      3.1.1 Gegenwartsbedeutung 7

      3.1.2 Zukunftsbedeutung 8

      3.1.3 Zugänglichkeit 8

  3.2 Vorkenntnisse der Schüler 8

  3.3 Auswahl und Begrenzung der Stunde 9

  3.4 Einbettung des Stundenthemas in die Unterrichtseinheit 9

  3.5 Unterrichtsprinzipien 10

      3.5.1 Allgemein-Didaktische Prinzipien 10

      3.5.2 Mathematik-Didaktische Prinzipien 10

  3.6 Bezug zum Bildungsplan 10

  3.7 Lernziele 11

4. Methodische Analyse 12

  4.1 Einstieg / Aufgaben- und Problemstellung 12

  4.2 Arbeitsphase 14

  4.3 Ergebnissicherung / Reflexion 16

5. Literaturverzeichnis 17

6. Anhang (Medien) 17

1. Situationsanalyse

1.1 Struktur der Schule

Die x-Schule in x ist seit diesem Schuljahr eine Grund- und Neue Werkrealschule mit einer Außenstelle. Sie wird derzeit von ca. 310 Schülern[1] besucht. Während sich die Jahrgangsstufen fünf, sechs und eine Klassenstufe sieben in der Außenstelle befinden, werden an der x-Schule die Jahrgangsstufen eins bis vier und acht bis zehn (und eine Klassenstufe sieben) unterrichtet.

x ist ein Teilort der Gemeinde y. Das Einzugsgebiet der Grundschule beschränkt sich auf die Teilorte x und y. Ein Großteil der Kinder kommt aus x und kann daher zu Fuß zur Schule gehen. Die Schüler, die aus y stammen, werden von einem Linienbus zum Unterricht gebracht. Das Einzugsgebiet der Werkrealschule umfasst ebenfalls die Teilorte x und y sowie weitere Teilorte.

In einem gut ausgestatteten Schulgebäude arbeiten sieben Grundschulklassen (davon eine E-Klasse) und sechs Werkrealschulklassen. Mit Ausnahme der 10. Klasse sind in der Werkrealschule alle Klassen zweizügig. In der Grundschule hingegen sind die Klassen eins und zwei einzügig und die Klassen drei und vier zweizügig. Das Kollegium umfasst etwa 40 Lehrer und Lehrerinnen, vier Lehramtsanwärter sowie zwei Pfarrer. Darüber hinaus sind ein Schulsozialarbeiter und eine pädagogische Assistentin an der Schule tätig.

Die x-Schule setzt sich aus dem Hauptgebäude und einem Neuanbau zusammen. Im Hauptgebäude befinden sich die einzelnen Klassenzimmer sowie das Lehrerzimmer, während im Anbau ein Computerraum, eine Bewegungshalle, eine Schülerbücherei, ein Besprechungs- sowie Medienraum und die Mensa untergebracht sind.

Zusätzlich zum regulären Unterricht bietet die Schule eine Ganztagsbetreuung an, die sich in einem vielseitigen Programm an frei wählbaren Arbeitsgemeinschaften wiederspiegelt. Hierzu gehören beispielsweise eine Naturforscher-AG, Akrobatik-AG, eine Schülerzeitungs-AG, Hip-Hop-Dancing-AG und viele mehr, die zur individuellen Förderung der Begabungen der Kinder beitragen.

---

[1] Aus Gründen der einfacheren Lektüre wird in der gesamten Ausarbeitung auf die Verwendung weiblicher Morpheme verzichtet.

Das Klassenzimmer der Klasse 3 befindet sich im Erdgeschoss des Hauptgebäudes der Schule. Es ist mit zwei Tafeln ausgestattet, wobei die Tafel an der Seite dem Aufschreiben der Hausaufgaben dient, sowie dem Festhalten der einzelnen Klassendienste. Das Klassenzimmer bietet genügend Raum für Sozialformen wie beispielsweise einen Sitzkreis. Im hinteren Teil des Zimmers befinden sich ein Sofa, zusätzliche Tische sowie Regale, die als Ablagemöglichkeit für Freiarbeitsmaterialien oder Ähnliches genutzt werden können. Weiterhin verfügt die Klasse über ihre eigene kleine Schülerbücherei, die in Regalen ebenfalls im hinteren Teil des Zimmers angesiedelt ist und den Kindern die Möglichkeit bietet Bücher für zu Hause auszuleihen. Die Tische der Schüler stehen in einer U-Form, wodurch jedes Kind eine gute Sicht zur Tafel hat und auch die Lehrerin die gesamte Klasse optimal überblicken kann.

1.2   Struktur der Klasse

1.2.1 Zusammensetzung der Klasse

Die Klasse 3 der Schule besteht aus 18 Schülern. Davon sind elf Mädchen und sieben Jungen.

Es befinden sich fünf Kinder mit Migrationshintergrund in der Klasse, wovon drei aus der Türkei stammen und zwei aus Bosnien-Herzegowina. Zu Schuljahresbeginn kamen nun noch zwei neue Kinder in die Klasse – zum einen der Schüler a, der momentan die dritte Klasse wiederholt und zum anderen die Schülerin b, die zuvor eine Förderschule besuchte.

1.2.2 Leistungs- und Arbeitsverhalten

Die Atmosphäre, die in dieser Klasse vorherrscht, kann zurzeit nicht als harmonisch bezeichnet werden. Das Sozialverhalten der Kinder lässt sehr zu wünschen übrig. Es treten immer wieder Streitereien unter den Schülern auf, die ohne die Lehrperson meist nicht gelöst werden können. Es scheint, dass die Schüler momentan Probleme haben sich gegenseitig zu akzeptieren und zu respektieren. Dies spiegelt sich vor allem in Partner- oder Gruppenarbeitsphasen wider. Daher muss im Moment noch sehr viel unternommen werden um den Zusammenhalt in der Klasse zu stärken, so dass die Klasse wieder mehr zu einer Gemeinschaft zusammen wachsen kann. So wird derzeit beispielsweise einmal pro Woche unter Anleitung eines Sozialarbeiters soziales Lernen in der Klasse praktiziert.

Bezüglich des Arbeitsverhaltens ist zu erwähnen, dass sich die Schüler während des Unterrichts meist sehr lernfreudig und interessiert verhalten. Nahezu alle Schüler weisen eine sehr hohe Leistungsbereitschaft auf. Es gibt jedoch auch ein paar Kinder, die etwas unruhig sind. Diesen fällt es besonders schwer sich an Regeln zu halten, wie beispielsweise sich vor Beiträgen mit Handzeichen zu melden.

Das Leistungsniveau sowie das Arbeits- und Lerntempo ist in dieser Klasse sehr unterschiedlich ausgeprägt. Daher ist eine differenzierte Unterrichtsgestaltung unbedingt notwendig.

1.2.3 Arbeits- und Sozialformen

Die Schüler kennen bereits verschiedene Arbeitstechniken, wie Lernen an Stationen bzw. an der Lerntheke oder das freie Arbeiten, wie beispielsweise Wochenplanarbeit. Auch Einzel-, Partner- und Gruppenarbeit werden im Unterricht immer wieder praktiziert. Weiterhin ist den Kindern der Sitzkreis als gängige Sozialform bekannt. Ebenfalls wurde mittlerweile der sogenannte „Kinositz" eingeführt, der den Schülern eine bessere Sicht auf mitgebrachte Lerngegenstände gewährleisten soll.

Rituale und Regeln werden in dieser Klasse oft angewandt. So gibt es zum Beispiel verschiedene Klassendienste, wie den Austeil-, Tafel-, oder Aufräumdienst, die von den Schülern selbstständig ausgeführt werden. Weiterhin befindet sich im Klassenzimmer ein Plakat, welches die Kinder stets an die ihnen bekannten Klassenregeln erinnern soll. Die Schüler sind es außerdem gewohnt, ihre Namen an die seitliche Pinnwand zu hängen, sobald sie eine Aufgabe erledigt haben und diese durch die Lehrperson korrigiert werden soll. Sie sind es hingegen ebenso gewohnt eine Selbstkontrolle durchzuführen.

Als Zeichen zur Ruhe oder zur Einholung der Aufmerksamkeit wird eine Klangschale verwendet. Des Weiteren ist der Klasse die Handhabung sogenannter Smileys geläufig. Diese können zur Belohnung eingesetzt werden, was bedeutet, wenn ein Schüler etwas besonders gut macht, kann dieser mit einem Smiley dafür belohnt werden. Weiterhin sind die Klassensmileys zu nennen, die ausgehändigt werden, sobald die gesamte Klasse für etwas zu belohnen ist.

Hat ein einzelner Schüler oder auch die Klasse als Ganzes insgesamt zehn Smileys gesammelt, können sie diese bei der Lehrperson einreichen und sich dafür materielle Dinge auswählen oder gar einen Ausflug im Rahmen der gesamten Klasse wünschen.

Jedoch können diese Smileys ebenso auch als Konsequenz für inakzeptables Verhalten ihren Nutzen finden, indem sie Kindern, die beispielsweise negativ im Unterricht auffallen, abgenommen werden. Vor Kurzem wurde nun auch noch ein sogenannter „Zeiträuber" eingeführt. Dieser wird im Falle einer Unterrichtsstörung dem jeweiligen Schüler auf den Tisch gelegt und signalisiert ihm eine erste Verwarnung. Stört dieser Schüler erneut, bekommt er einen weiteren Zeiträuber und muss sich bis zum nächsten Tag eine Wiedergutmachung überlegen. Außerdem wird der Zeiträuber dem jeweiligen Schüler mit nach Hause gegeben, um von den Eltern unterschrieben zu werden.

1.2.4 Einzelne Schülerpersönlichkeiten

Im folgenden Abschnitt möchte ich nun noch auf einzelne Schüler zu sprechen kommen, die mir persönlich als auffällig erscheinen.

Hierzu gehört a, die im letzten Schuljahr neu in die Klasse kam. Sie hat Probleme sich während einer Arbeitsphase zu konzentrieren, lässt sich sehr leicht ablenken und arbeitet daher oft nur sehr langsam. Auch bedarf es ihr immer wieder zusätzlicher Erklärungen sowie Aufforderungen zum Weiterarbeiten. Weiterhin fällt sie des Öfteren negativ im Unterricht auf, besonders wenn es um das Arbeiten in Gruppen geht, da sie andere Kinder stört oder gar ärgert.

Auffallend ist auch der Schüler b. Dieser beteiligt sich zwar meist rege am Unterrichtsgeschehen, hat sonst jedoch starke Probleme sich zu disziplinieren und fällt daher immer wieder negativ durch Seitengespräche im Unterricht auf. Man könnte sagen, dass er die typische Rolle eines „Klassenclowns" erfüllt. Momentan sitzt er daher an einem Einzeltisch, wodurch seine Konzentrations- bzw. Disziplinierungsprobleme sowie die ständigen Versuche seine Klassenkameraden abzulenken, abgenommen haben.

c, der einen türkischen Migrationshintergrund besitzt, ist sprachlich sehr schwach, in Mathematik selbst jedoch, verfügt er über gute Leistungen.

d, die ebenfalls einen türkischen Migrationshintergrund aufweist, kam Anfang des Schuljahres neu in die Klasse und hatte zuvor eine Förderschule besucht. Sie weist einige sprachliche Defizite auf, weshalb es immer wieder zu Verständnisschwierigkeiten kommt. Daher muss in Gesprächen mit ihr darauf geachtet werden, sehr langsam und deutlich zu sprechen. Bezüglich ihrer Leistungen im Fach Mathematik, ist sie momentan eher als schwach einzustufen. Die beiden Schülerinnen e und f sind zu nennen, da sie durch ihr besonders schnelles Arbeits- und Lerntempo auffallen.

2. Sachanalyse

2.1 Allgemeine Informationen zu Größen und Größenbereichen

Eine Größe ist eine objektiv messbare Eigenschaft eines Objekts. Dies bedeutet, einem Objekt wird durch einen **Messprozess** d.h. durch das systematische Vergleichen mit einer Maßeinheit eine Maßzahl zugeordnet. Folglich setzt sich eine Größe immer aus einer **Maßzahl** und der jeweiligen **Maßeinheit** zusammen. Es wird unterschieden zwischen dem Objekt selbst (Repräsentant) und seiner Eigenschaften (Größen). Aufgrund der Tatsache, dass ein Objekt viele verschiedenen Eigenschaften besitzt, ist es von Notwendigkeit zu abstrahieren und sich auf eine dieser Eigenschaften zu spezialisieren, wie beispielsweise auf seine Länge. Diese bestimmte Größe ist wiederum keine absolute, sondern eine relative Eigenschaft. Dies bedeutet, sie bekommt erst durch den Vergleich mit einem „gleichartigen" Objekt eine Bedeutung. Größen können somit erst durch die Einordnung in einen Größenbereich als Größe bezeichnet werden. Da es offensichtlich verschiedene Arten von Größen gibt, sind diese in verschiedenen Größenbereichen zusammengefasst. So können beispielsweise manche Größen miteinander verglichen werden, andere nicht. Während 3kg und 6kg eindeutig vergleichbar sind, ist das Vergleichen von 3kg und einem Meter sinnlos. Vergleichbare Größen bilden daher einen **Größenbereich**. Demzufolge ist eine Größe ein Element eines Größenbereichs. Die Größen eines Größenbereichs können eindeutig sowohl indirekt als auch direkt miteinander verglichen werden. Demnach sind zwei Größen entweder gleich oder die eine Größe ist kleiner oder größer als die andere. Ebenso können Größen eines Größenbereichs addiert bzw. zusammengefügt werden (vgl. Baireuther, 1999, S. 94 ff., Baireuther, 2000, S. 17 f. & Franke, 2003, S. 196 ff.).

Grundschulrelevant sind insbesondere Längen, Gewichte, Geldwerte, Zeitdauern sowie Flächen- und Rauminhalte. Hier wird nun genauer der Größenbereich Längen fokussiert..

2.2 Größenbereich: Längen

Die Länge zählt folglich zu den Größen. Um eine solche Größe zu messen, wird sie, wie zuvor bereits erwähnt, mit einer genau definierten Einheit dieser Größe verglichen. Demzufolge ist jede Größe immer ein Produkt aus einer Zahl, der Maßzahl (reelle Zahl) und einer Einheit.

Für den mitteleuropäischen Raum wird für die konventionelle Maßeinheit des Größenbereichs Längen der bzw. das **Meter** (Einheitszeichen: m) verwendet. Der Meter ist eine ursprünglich willkürlich gewählte Länge, die eine der Basiseinheiten des internationalen Einheitensystems darstellt (vgl. Der Brockhaus Band 3, 1993, S. 561).

Aus der Grundeinheit des Längenmaßes Meter werden die anderen Längeneinheiten dezimal abgeleitet, das heißt sie sind dekadisch aufgebaut. Gebräuchliche Längenmaße sind:

Millimeter – mm

Zentimeter – cm

Dezimeter – dm

Meter – m

Kilometer – km

(vgl. Eder, 1996, S. 60)

Für die aktuelle Stunde sind hauptsächlich die Längenmaße Zentimeter und Meter relevant.

Als **Länge einer Strecke** wird die Größe des Abstandes zwischen den Endpunkten A und B einer Strecke bezeichnet, wobei $\overline{AB}$ die Strecke und AB ihre Länge angibt.

Für die **Notation** von Längen gibt es drei Möglichkeiten:

- die alleinige Verwendung der kleineren Einheit z.B. 145 cm

- die gemischte Schreibweise z.B. 1m 45 cm
- die Dezimalschreibweise bzw. Kommaschreibweise z.B. 1,45 m.

Um die Länge eines Repräsentanten in einer anderen Maßeinheit anzugeben, muss diese zunächst umgeformt bzw. umgewandelt werden. Hierbei wird für dieselbe Größe lediglich eine andere Bezeichnung geschrieben (z.B. 4m = 400 cm).

Die **Umrechnungszahl** zwischen den Längenmaßen m und cm beträgt 100 (1m = 100 cm) (vgl. Eder, 1996, S. 60).

3. Didaktische Analyse

3.1 Didaktische Überlegungen

3.1.1 Gegenwartsbedeutung

In ihrem Alltag begegnen Kinder immer wieder dem Größenbereich Längen. So zum Beispiel auf ihrem Nachhauseweg, wenn sie versuchen die Länge des Weges mit ihren Schritten auszumessen. Auch im häuslichen Bereich gab es sicherlich schon die ein oder andere Situation, in der die Kinder ihren Vater dabei beobachtet haben, wie er mit einem Meterstab verschiedene Gegenstände ausmisst. Auch im Mäppchen eines jeden Schülers, in dem sich ein Lineal oder Geodreieck befindet, können Schüler erste Entdeckungen im Bereich Längen machen. Aber auch hinsichtlich ihrer Körpergröße, werden die Kinder mit dem Größenbereich Längen konfrontiert. Da sich die Schüler momentan noch im Wachstum befinden, ist es für sie spannend zu sehen wie sich ihre Größe stetig verändert bzw. wie viel Zentimeter sie gewachsen sind. Auch bei Ausflügen in Freizeitparks, wie beispielsweise dem Legoland, begegnen Kinder dem Größenbereich Längen. So können die Schüler vor den verschiedenen Attraktionen und Achterbahnen Schilder entdecken, die die einzuhaltende Mindestgröße für die Fahrgäste angeben (meist in Kommaschreibweise).

Das Unterrichtsthema sowie der situative Rahmen dieser Stunde, der ebenfalls das Legoland thematisiert, greift also eine reale Situation der kindlichen Lebenswelt auf und kommt damit einer wichtigen Forderung des Bildungsplanes nach.

3.1.2 Zukunftsbedeutung

Die Entwicklung von Größenvorstellungen sowie das sichere hin und her übersetzen zwischen den verschiedenen Maßeinheiten bzw. das Umrechnen von einer Maßeinheit in eine andere, ist für die Kinder gegenwärtig sowie zukünftig von großer Bedeutung. So werden die Schüler Größenvorstellungen benötigen, wenn es beispielsweise um das Einrichten des eigenen Zimmers oder der ersten eigenen Wohnung geht bzw. beim Auswählen und Kauf von Möbeln. Ebenso sollten sie das Umrechnen von einer Einheit in eine andere beherrschen, um die Längenmaße ihres Zuhauses mit den Maßen der jeweiligen Möbelstücke vergleichen zu können.

3.1.3 Zugänglichkeit

Die Kinder haben bereits einige Vorerfahrungen sowohl zur Kommaschreibweise von Geldbeträgen, als auch zum Umrechnen von Euro und Cent gesammelt. Dementsprechend können sie ihr bereits erworbenes Wissen im Größenbereich Geld auf den Größenbereich Längen übertragen, da die Umrechnungszahl zwischen den Geldeinheiten Euro und Cent identisch mit der Umrechnungszahl der Längenmaße Meter und Zentimeter ist. Daher wird dieses Thema den meisten Kindern gut zugänglich sein. Des Weiteren ist die aktuelle Stunde in einen situativen Rahmen eingebettet, der an die Lebenswelt der Kinder anknüpft, was ihnen ebenso den Zugang zu dieser Stundenthematik erleichtern sollte und sie gleichzeitig zum Umrechnen von Längen motivieren soll.

3.2 Vorkenntnisse der Schüler

Die Schüler konnten bereits in der zweiten Klasse einige Erfahrungen zum Schätzen und Messen von Längen sammeln. Die Maßeinheiten Zentimeter und Meter sind ihnen somit schon bekannt.

Hinsichtlich der Kommaschreibweise, haben die Kinder bereits wenige Stunden zuvor die Kommaschreibweise von Geldbeträgen kennengelernt. Diese bereits erworbenen Kompetenzen können nun auf die Kommaschreibweise von Längen übertragen werden, sodass in der aktuellen Stunde an dieses Vorwissen angeknüpft werden kann.

3.3 Auswahl und Begrenzung der Stunde

In dieser Stunde geht es nach der Einführung der Kommaschreibweise sowie des Umrechnens von Metern und Zentimetern, nun um eine Übungsstunde zum sicheren Umwandeln der oben genannten Längeneinheiten. In den vorangegangenen Stunden wurde Wert auf das handelnde Erfahren, wie etwa Schätz- und Messübungen in Verbindung mit der Entwicklung von Größenvorstellungen gelegt. In dieser Stunde wird das Hauptaugenmerk auf unterschiedlichen Übungen zum Angeben von Längen auf verschiedene Weise gelegt, welche zum flexiblen Umgang mit Längenangaben beitragen sollen. Dies findet sowohl enaktiv statt, indem die Schüler zunächst Gegenstände abmessen und diese Messergebnisse werden anschließend auf verschiedene Weise festgehalten, was wiederum die symbolische Ebene widerspiegelt. Der Schwerpunkt liegt in dieser Stunde allerdings auf der symbolischen Ebene. Die ikonische Ebene wird in der aktuellen Stunde weitestgehend vernachlässigt, da sie bereits in den vorherigen Stunden Anwendung fand und hinsichtlich des Stundenthemas „Umrechnen von Längen" nicht ganz passend wäre. Der ikonische Aspekt findet insbesondere in den nachfolgenden Stunden seine Gewichtung, wenn es um die Einführung der Längeneinheiten Millimeter und Dezimeter geht.

3.4 Einbettung des Stundenthemas in die Unterrichtseinheit

1. Stunde: Bisher erworbene Kompetenzen zum Größenbereich Längen reaktivieren (Meter und Zentimeter).

2. Stunde: Längen von Gegenständen aus ihrer Lebenswelt schätzen und messen. Strecken mit bestimmten Längen zeichnen.

3. Stunde: Einführung der Kommaschreibweise bei Längen und der Umwandlung in eine andere Einheit.

***4. Stunde:* Vielfältige Übungen zum Umrechnen von Längen (Meter und Zentimeter).**

5. – 6. Stunde: Einführung/Übung Millimeter und Dezimeter. Beziehungen 10 mm = 1cm, 1 dm = 10 cm kennen lernen.

7. – 8. Stunde: Einführung/Übung Kilometer. Beziehung 1000 m = 1 km kennen lernen.

3.5   Unterrichtsprinzipien

3.5.1 Allgemein-Didaktische Prinzipien

Prinzip der Selbstständigkeit

Durch die selbständige Wahl des Schwierigkeitsgrades einer Aufgabe, durch die eigenständige Einteilung der Zeit und durch die Selbstkontrolle soll die Selbstständigkeit bzw. Eigenverantwortlichkeit der Schüler gefördert werden.

Prinzip der Differenzierung

Aufgrund der unterschiedlichen Lernvoraussetzungen der Schüler, wird in der Erarbeitungsphase eine Differenzierung integriert (verschiedene Schwierigkeitsgrade der Aufgaben der Lerntheke).

3.5.2 Mathematik-Didaktische Prinzipien

Prinzip der Anwendungsorientierung

Durch die Wahl der Rahmenhandlung „Legoland" entsteht in dieser Unterrichtsstunde ein Alltagsbezug, da diese Thematik aus der Lebenswirklichkeit der Schüler stammt. Auf diese Weise lernen die Kinder mathematische Aspekte in ihrer Lebensumwelt wahrzunehmen und zu entdecken.

Prinzip des E-I-S-Prinzips

In der aktuellen Stunde werden die Schüler den Lerngegenstand einerseits auf der enaktiven Ebene erfahren, indem sie Gegenstände mit einem Meterstab ausmessen. Auf der anderen Seite werden sie den Lerninhalt auf die symbolische Ebene transferieren, indem sie Längeneinheiten umrechnen und in der jeweilig korrekten Schreibweise darstellen.

3.6   Bezug zum Bildungsplan

Eine der zentralen Aufgaben des Mathematikunterrichts ist es, die Kinder für den mathematischen Gehalt alltäglicher Situationen und Phänomene sensibel zu machen und sie somit zum Problemlösen mit mathematischen Mitteln anzuleiten. Aufgrund der ausgewählten Thematik „Legoland" setzen sich die Schüler in der aktuellen Stunde mit einer Situation aus ihrer Lebenswelt auseinander und finden darin authentische Fragen bzw. Probleme, die mathematisch gelöst werden müssen (vgl. Bildungsplan, 2004, S. 54). An dieser Stelle werden die Kinder also dazu angeregt, „ihr fachliches Wissen über Größen zur Klärung [...] zu nutzen" (Bildungsplan, 2004, S. 55).

Kompetenzen wie die Vorstellung über Größen und deren Bedeutung und Anwendung im alltäglichen Leben gehören neben anderen unabdingbaren Kenntnissen zum mathematischen Grundwissen, welche die Schüler im Mathematikunterricht erwerben sollen und die es nun gilt in dieser Stunde zu fordern und zu fördern (vgl. Bildungsplan, 2004, S. 54).

Das Stundenthema Umrechnen von Längen ist im Bildungsplan 2004 der Leitidee „Messen und Größen" zuzuordnen. In der aktuellen Stunde werden die Schüler „ihr Wissen über den strukturellen Zusammenhang von Maßeinheiten bei der Umwandlung von Größenangaben in benachbarten Einheiten anwenden" (ebd., S. 60). Zu Beginn dieser Stunde, im Hinblick auf die anwendungsorientierte Problemstellung, aber auch während der Arbeitsphase hinsichtlich der Textaufgaben, sollen die Schüler „ihr Wissen und Können im Umgang mit Größen zur Klärung realistischer, kindgemäßer Sachverhalte nutzen" sowie „mit Maßzahlen und Maßeinheiten sachangemessen rechnen" (ebd.).

Die gesamte Stunde über, das heißt sowohl im Einstieg als auch insbesondere in der Arbeitsphase wird auf ein handlungsorientiertes Arbeiten Wert gelegt, da es Voraussetzung für verstehenden Mathematikunterricht ist (vgl. ebd., S. 56). Dabei können Aufgaben konkret handelnd mit Material gelöst werden, wie es in der vorgesehenen Partnerarbeitsphase der Fall ist, in der die Schüler Gegenstände mit einem Meterstab abmessen und die Messergebnisse in ihr Heft übertragen. Ebenso können Aufgaben auch abstrakt auf der symbolischen Ebene gelöst werden, was in dieser Stunde hauptsächlich seine Gewichtung findet (vgl. ebd.). Dieses handlungsorientierte Arbeiten ermöglicht es jedem Kind auf seinem Niveau zu arbeiten (vgl. ebd., S. 56).

Außerdem werden die Schüler zu Anfang der Stunde, während der Partnerarbeitsphase sowie in der Ergebnissicherung, stets dazu angeregt über ihre Ideen und Lösungswege zu kommunizieren, was wiederum zum Aufbau und zur Schulung der Sprachkompetenz beiträgt (vgl. ebd.).

3.7 Lernziele

Stundenziel: Die Schüler sollen am Ende der Stunde das Umrechnen der Längenmaße Meter und Zentimeter sicher beherrschen.

Feinziele:

kognitiv:

Die Schüler:

- festigen ihre Größenvorstellungen zu den Einheiten Meter und Zentimeter.
- können Längen auf verschiedene Weise angeben (in Zentimeter, in Meter und Zentimeter und in Kommaschreibweise).
- können Längen in benachbarte Einheiten umwandeln (Meter in Zentimeter, Zentimeter in Meter).

erzieherisch:

Die Schülerinnen und Schüler sollen:

- miteinander kooperieren und kommunizieren.
- lernen sich gegenseitig zuzuhören.

Erzieherische Ziele sind als langfristige Ziele anzusehen und können daher nicht innerhalb einer Stunde realisiert werden.

4. Methodische Analyse

4.1 Einstieg bzw. Aufgaben- und Problemstellung

Zu Beginn der Stunde begrüße ich die Kinder und fordere sie dazu auf den Besuch ebenfalls zu begrüßen. Anschließend bitte ich die Schüler den, ihnen bereits bekannten, Kinositz zu bilden.

Als Einstieg in das Thema Umrechnen von Längen wird den Kindern eine Geschichte erzählt, die von zwei Kindern handelt, die einen Ausflug in das Legoland machen. Dabei ergibt sich folgendes Problem: Die Kinder entdecken ein Schild, das die Mindestgröße für Kinder angibt, um mit diesem Karussell fahren zu dürfen. Nun stehen die Kinder vor einem Problem, da sie zwar ihre Größe wissen, jedoch in einer anderen Maßeinheit, als sie auf dem Schild angegeben ist. Somit sind sie sich unsicher, ob sie nun groß genug sind, um mit dem Karussell fahren zu können. An dieser Stelle sollen nun die Schüler miteinbezogen werden, um den Kindern im Legoland bei ihrem Problem zu helfen. Während ich die Geschichte erzähle, lege ich Sprechblasen in die Mitte, die wiedergeben, was die beiden Kinder, Katja und Leon, sagen. Somit haben die Schüler die wichtigsten Aussagen der Kinder, insbesondere ihrer Größenangaben, noch einmal bildlich vor sich liegen. Die Schüler sollen erkennen, dass die Längenmaße aus der Geschichte zunächst in eine gleiche Maßeinheit umgewandelt werden müssen, um diese miteinander vergleichen zu können. Dementsprechend schreiben die Schüler die umgewandelten Längenmaße auf Kärtchen und vergleichen sie miteinander. Dabei sollen sie sich erschließen, dass Katja zu klein und Leon jedoch groß genug wäre, um mit dem Karussell zu fahren. Anschließend frage ich die Kinder, ob das die einzige Lösung für das Problem von Katja und Leon ist oder ob man es auch auf eine andere Weise aufschreiben hätte können. Ziel ist es, dass die Schüler am Ende dieser Phase alle Längenmaße in allen drei Schreibvariationen (in Zentimeter, in Zentimeter und Meter und in Kommaschreibweise) ermittelt und vor sich liegen haben.

Diese Hinführung zum Thema dient der Wiederholung des Umrechnens von Längen in benachbarte Längen sowie der unterschiedlichen Schreibweisen dieser.

Alternativ hätte ich mit den Schülern das Umrechnen von Längen auch ohne Einbindung einer Geschichte wiederholen können. Ich habe mich jedoch ganz bewusst für diesen situativen Rahmen entschieden, da es die Kinder für die sich daran anschließenden Arbeitsphase motivieren soll und zudem einen emotionalen Zugang zu dieser Thematik schafft. Des Weiteren stammt das für die Geschichte ausgewählte Thema „Legoland" aus der Lebenswelt der Kinder, was einerseits einen Realitätsbezug schafft und andererseits das Interesse der Kinder weckt.

Als Überleitung in die sich daran anschließende Arbeitsphase wird den Kindern gesagt, dass sie nun noch einmal an verschiedenen Aufgaben das Umrechnen von Längen üben können, damit ihnen nicht dasselbe Problem widerfährt wie Katja und Leon.

4.2 Arbeitsphase

Im nächsten Schritt werde ich die darauffolgende Lerntheke erklären. Ich mache die Schüler darauf aufmerksam, dass sie ein Arbeitsblatt, welches sie in Partnerarbeit bearbeiten sollen, als Pflichtaufgabe (grün gekennzeichnet) zu erledigen haben. Dieses Arbeitsblatt werde ich austeilen, um die anschließende

Arbeit an der Lerntheke etwas zu entzerren. Bei dieser Aufgabe geht es darum, dass sich die Kinder noch einmal handelnd mit dem Lerngegenstand auseinandersetzen. Dabei messen sie die Länge ihres Tisches sowie eine Paketschnur mit einem Maßstab ab und schreiben ihre Messergebnisse in allen drei Schreibweisen (in Zentimeter, in Meter und Zentimeter und in Kommaschreibweise) in ihr Heft. Dafür erhalten die Schüler ein Arbeitsblatt sowie ein Meterstab zu zweit. Dies stellt sicher, dass sie tatsächlich zusammenarbeiten und keine Einzelarbeit entsteht. In der Phase der Partnerarbeit können sich die Schüler gegenseitig helfen, sich über Lösungswege austauschen sowie über mathematische Sachverhalte sprechen. Diese Art der Sozialform fördert besonders das kooperative Arbeiten unter den Kindern, sowie das Kommunizieren und Argumentieren über mathematische Gegebenheiten und stärkt zudem ihre soziale Kompetenz. Des Weiteren weise ich die Schüler darauf hin, dass sie nach Beendigung der ersten Aufgabe ihre Namensklammer an die seitliche Pinnwand hängen können, um zu signalisieren, dass diese durch mich korrigiert werden soll. Für alle weiteren Aufgaben bzw. Arbeitsblätter (rot gekennzeichnet) ist es den Schülern freigestellt, ob sie alleine oder mit einem Partner arbeiten möchten. Daher kann sich hierfür auch jeder Schüler ein eigenes Arbeitsblatt nehmen. Außerdem können sie selbst entscheiden welche dieser Aufgaben sie bearbeiten möchten und in welcher Reihenfolge. Diese Aufgaben bestehen aus verschiedenen Übungen zum Umrechnen von Längen (Meter und Zentimeter). Ein Arbeitsblatt thematisiert dabei die Fehlersuche. Dies wiederum bedeutet, es sind verschiedenen Längenangaben vorgegeben, die Fehler enthalten und die es gilt herauszufinden. Ein weiteres Arbeitsblatt besteht darin, dass die Schüler verschiedene Aufgaben zum Umrechnen zwischen Metern und Zentimetern bearbeiten sowie gleichzeitig die unterschiedlichen Schreibweisen hierzu erproben können. Hierfür können die Schüler aus Gründen der Differenzierung aus zwei Schwierigkeitsgraden auswählen (mittel (zwei Punkte) und schwer (drei Punkte)). Diese Unterteilung entspricht den unterschiedlichen Leistungsvoraussetzungen der Kinder. Als weitere Differenzierung steht den Schülern eine offene Aufgabe zu Verfügung, die inhaltlich das Legoland thematisiert. Die Bearbeitung offener Aufgaben wurde erst ein paar Stunden zuvor in dieser Klasse eingeführt. Aufgrund dieser Tatsache haben einige Schüler auf diesem Gebiet noch ihre Schwierigkeiten, weshalb ich diese Aufgabenart an dieser Stelle lediglich als

Differenzierung für die leistungsstärkeren Kinder ausgewählt habe. Nichts desto trotz möchte ich allen Schülern die Möglichkeit bieten sich mit einer solchen Aufgabe auseinanderzusetzen. An für sich stellen offene Aufgaben eine Differenzierung in sich dar. Da in dieser Klasse jedoch mitunter die Länge des Textes entscheidend für eine erfolgreiche Bearbeitung ist, habe ich mich dazu entschieden die offene Aufgabe bezüglich der Textlänge in zwei Schwierigkeitsgrade zu unterteilen. Auf diese Weise haben auch leseschwächere Kinder die Möglichkeit diese Aufgabe zu bearbeiten.

Des Weiteren weise ich die Schüler daraufhin, dass sie nach Bearbeiten der roten Aufgaben eine selbstständige Ergebniskontrolle durchführen sollen. Die dafür vorgesehenen Lösungsblätter sind hinter der Tafel befestigt.

Nachdem ich den Arbeitsauftrag für alle Kinder erklärt habe, lasse ich diesen von einem Schüler nochmals wiederholen, um sicher zu gehen, dass alle Kinder den Auftrag aufgenommen und verstanden haben.

Eine Alternative wäre gewesen, die Arbeitsphase in Form von Stationen bzw. in Form eines Lernzirkels zu organisieren. Ich bin jedoch der Meinung, dass aufgrund des kollektiven Wechsels von einer Station zur nächsten, nicht jedes Kind gemäß seines individuellen Arbeits- und Lerntempos arbeiten kann. Daher habe ich mich an dieser Stelle für die Methode der Lerntheke entschieden, da zum einen jedes Kind die Möglichkeit hat in seinem eigenen Lerntempo zu arbeiten und zum anderen die Reihenfolge sowie der Schwierigkeitsgrad der zu bearbeitenden roten Aufgaben frei wählbar ist. Dies fördert die Selbstständigkeit und Eigenverantwortung der Schüler. Des Weiteren dient die Lerntheke der Differenzierung und gestaltet gleichzeitig den Unterricht offener.

Bezüglich der Auswahl der Aufgaben wäre gerade hinsichtlich der Pflichtaufgabe in Partnerarbeit anstelle des Ausmessens von Gegenständen, das gegenseitige Ausmessen der eigenen Körpergrößen der Kinder eine Alternative gewesen. Das hätte einen Bezug zu den einzelnen Kindern hergestellt und wäre zudem mit der Rahmenhandlung „Legoland" sehr gut zu verknüpfen gewesen. Allerdings wäre es organisatorisch etwas schwer umzusetzen, da sich in diesem Falle 18 Kinder gleichzeitig messen müssten und das Klassenzimmer hierfür zu wenig Platz bietet.

Aus diesen Gründen habe ich mich letztendlich gegen diese Möglichkeit entschieden.

4.3   Ergebnissicherung / Reflexion

Als Zeichen für die Beendung der Arbeitsphase verwende ich die Klangschale. Ich bitte die Schüler zu mir nach vorne zu kommen und einen Stehkreis zu bilden. In einem nächsten Schritt zeige ich den Schülern den aufblasbaren Würfel und erkläre ihnen die Spielregeln. Die einzelnen Würfelseiten sind mit verschiedenen Aufgaben beschriftet. Die Kinder sollen sich den Würfel gegenseitig zuspielen und die Aufgabe die oben aufliegt lösen. Thematische dreht es sich dabei ein weiteres Mal um das Legoland, um das Rahmenthema dieser Stunde zu schließen. Hierfür erzähle ich den Schülern, dass ich bei meinem letzten Besuch im Legoland noch einige Aussagen mehr von Kindern aufgegriffen habe und gespannt bin was sie dazu meinen. Bei diesen Aufgaben geht es in erster Linie noch einmal um das geschickte Umrechnen der jeweilig angegebenen Längenmaße. Zudem müssen die Schüler in der jeweiligen Aufgabe herausfinden was die Frage sein könnte, um die passende Rechnung dafür aufzustellen.

Der Abschluss dieser Stunde dient somit der spielerischen Wiederholung und Festigung des Geübten sowie der Überprüfung des bisher Gelernten.

Als Alternative wäre ebenso die gemeinsame Besprechung einer bestimmten Aufgabe aus der Lerntheke denkbar gewesen. Ich habe mich jedoch bewusst gegen diese Möglichkeit entschieden, da ich der Ansicht bin, dass die Variante der spielerischen Wiederholung des Gelernten einerseits motivierender für die Schüler ist und zum anderen einen höheren Aufforderungscharakter aufweist.

5. Literaturverzeichnis

Literatur

- **Baireuther, P.** (1999): Mathematikunterricht in den Klassen 1 und 2. Donauwörth: Auer-Verlag.
- **Baireuther, P.** (2000): Mathematikunterricht in den Klassen 3 und 4. Donauwörth: Auer-Verlag.
- **Der Brockhaus in fünf Bänden** (1993). 8., neu bearb. Aufl. Mannheim: Bibliographisches Institut & F.A. Brockhaus AG.
- **Eder, H.-K.** (1996): Mathematik von 5 bis 10, von A bis Z. Paderborn: Schöningh.
- **Franke, M.** (2003): Didaktik des Sachrechnens in der Grundschule. Heidelberg, Berlin: Spektrum Akad. Verlag.
- **Ministerium für Kultus, Jugend und Sport Baden-Württemberg** (2004). Bildungsplan Grundschule.

6. Anhang

- Materialien zur Stunde

Im Legoland

Katja und ihr Freund Leon sind auf dem Weg ins Legoland. Sie sind schon ganz aufgeregt und gespannt was sie dort alles erwartet. Sie haben bereits von verschiedenen Karussells und Achterbahnen gehört, wie zum Beispiel dem Wellenreiter, dem Raupenritt oder dem Kids Power Tower, die sie unbedingt alle ausprobieren wollen.

Im Legoland angekommen, entscheiden sich Katja und Leon dafür zuerst den Kids Power Tower zu besteigen. Sie haben sich sagen lassen, dass sie vom Power Tower eine Aussicht über das gesamte Legoland haben. So können sie sehen was das Legoland alles bietet und wo sich die Karussells befinden, die sie als nächstes fahren möchten.

Als sie vor dem Kids Power Tower stehen, entdecken sie jedoch ein Schild, das sie nachdenklich macht. Auf diesem Schild steht geschrieben: Mindestgröße für Kinder 1,30 Meter.

Katja und Leon rätseln was das für sie bedeutet. Leon fragt Katja: „Meinst du wir sind groß genug und dürfen auf den Power Tower?" Katja meint: „Ich bin ja schon 125 cm groß. Das hört sich doch viel mehr an als 1,30 Meter. Ich darf bestimmt auf den Kids Power Tower. Was meinst du Leon? Wie groß bist du denn?" „Also ich bin 1 m 45 cm. Ich glaube ich darf auch auf den Power Tower. Aber bei dir bin ich mir nicht so sicher...", antwortet Leon.

Was meint ihr, könnt ihr den beiden helfen?

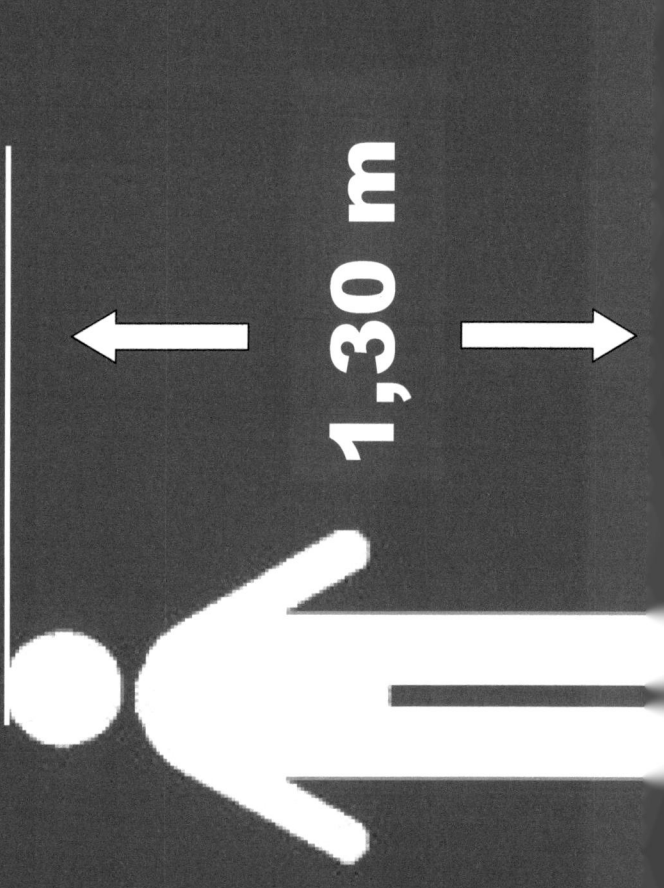

Leon:

„Also ich ich bin 1 m 45 cm.
Ich glaube ich darf auch
auf den Power Tower.
Aber bei dir bin ich mir
nicht so sicher..."

Katja:

„Ich bin ja schon **125 cm** groß. Das hört sich doch viel mehr an als 1,30 m. Ich darf bestimmt auf den Kids Power Tower."

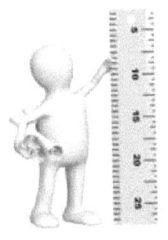

Miss genau und schreibe in dein Heft

Miss gemeinsam mit deinem Partner die lange Seite eures Tisches und die Paketschnur genau ab. Schreibt eure Messergebnisse in **cm**, in **m und cm** und in **m** (Komma-schreibweise) in euer Heft.

Zum Beispiel:

Regal: 120 cm = 1 m 20 cm = 1, 20 m

Peter hat diese Aufgaben gerechnet. Doch er hat sich dreimal verrechnet. Findest du seine Fehler?

1. 344 cm = 3,44 m

2. 7, 56 m = 7 m 56 cm

3. 26 cm = 2, 6 m

4. 1 m 89 cm = 1, 89 m

5. 504 cm = 5, 40 m

6. 0, 81 m = 81 cm

7. 2 m 90 cm = 2, 90 m

8. 649 cm = 6 m 49 cm

9. 830 cm = 8 m 3 cm

10. 93 cm = 0, 93 m

Verbessere Peters Fehler und schreibe die Aufgaben richtig auf.

_____

_____

_____

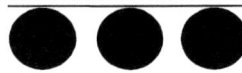

Katja und Leon im Legoland

Katja und Leon sind nun schon seit einer Stunde im Legoland. Sie sind bereits mit dem Wellenreiter, mit dem Raupenritt und dem Legoland Express gefahren. Sogar die Safari Tour haben sie schon mitgemacht. Der Weg vom Wellenreiter zum Raupenritt hat nur 890 cm betragen und vom Legoland Express bis zur Safari Tour sind sie ungefähr 10,10 m gelaufen. Allerdings wollte sich Katja noch kurz etwas zu essen kaufen. Das waren dann noch 12 m Umweg.

Als nächstes nehmen sich Leon und Katja vor, bei der Käpt'n Nicks Piratenschlacht mitzumachen. Allerdings entdecken sie dort auch wieder ein Schild, auf dem nun steht: Mindestgröße für Kinder 1,50 m. Katja sieht nun ein, dass sie mit ihrer Größe von 135 cm zu klein ist. Aber auch Leon, der 1 m 45 cm groß ist, ist dieses Mal zu klein. Dafür können sie jedoch zusammen mit Leons Vater bei der Piratenschlacht mitmachen, der ist nämlich genau 1,83 m, hat er gesagt.

Hier hast du Platz für deine Rechnungen. Schreibe auch immer die passende Frage und die Antwort dazu!

F: _____

R: _____

A: _____

_____

_____

_____

_____

_____

_____

_____

_____

2

Katja und Leon im Legoland

Katja und Leon sind nun schon seit einer Stunde im Legoland und sind schon einige Karussells gefahren. Der Weg vom Wellenreiter zum Raupenritt hat nur 890 cm betragen und vom Legoland Express bis zur Safari Tour sind sie ungefähr 10,10 m gelaufen. Allerdings wollte sich Katja noch kurz etwas zu essen kaufen. Das waren dann noch 12 m Umweg.

Als nächstes nehmen sich Leon und Katja vor, bei der Käpt'n Nicks Piratenschlacht mitzumachen. Allerdings entdecken sie dort auch wieder ein Schild, auf dem nun steht: Mindestgröße für Kinder 1,50 m. Katja sieht nun ein, dass sie mit ihrer Größe von 135 cm zu klein ist. Aber auch Leon, der 1 m 45 cm groß ist, ist dieses Mal zu klein. Dafür können sie jedoch zusammen mit Leons Vater bei der Piratenschlacht mitmachen, der ist nämlich genau 1,83 m, hat er gesagt.

Hier hast du Platz für deine Rechnungen. Schreibe auch immer die passende Frage und die Antwort dazu!

F: _____

R: _____

A: _____

_____

_____

_____

_____

_____

_____

_____

_____

_____

_____

Feuerdrache: 1,20 m

Ein Junge meint: „Ich kann mitfahren! Ich bin sogar 14 cm größer!"

Piratenschule: 120 cm

Ein Junge überlegt:
„Ich bin 1 , 38 m groß."

Dschungelexpedition: 1,20 m

Ein Mädchen überlegt: „Ich glaube, ich bin 1 m 40 cm groß."

Rittertunier: 90 cm

Ein Junge sagt: „Da kann ich ja auf jeden Fall mitfahren! Ich bin 0, 50 m größer!"

3

Hafen Rundfahrt: 1, 20 cm

Ein Mädchen ist der Meinung:

„Ich darf leider nicht mitfahren. Ich bin 10 cm zu klein."

Kanuexpedition: 1,30 m

Ein Mädchen sagt: „Ich bin 123 cm groß."

BEI GRIN MACHT SICH IHR WISSEN BEZAHLT

- Wir veröffentlichen Ihre Hausarbeit,
  Bachelor- und Masterarbeit

- Ihr eigenes eBook und Buch -
  weltweit in allen wichtigen Shops

- Verdienen Sie an jedem Verkauf

Jetzt bei www.GRIN.com hochladen
und kostenlos publizieren